多肉温暖我的心

珍藏版

多肉植物百科 / 编

2018年人气多肉手绘手账&时间管理手册

Name ______________________

Tel ______________________

E-mail ______________________

青岛出版社
QINGDAO PUBLISHING HOUSE

图书在版编目（CIP）数据
多肉温暖我的心：珍藏版 / 多肉植物百科编. --青岛：青岛出版社, 2017.8
ISBN 978-7-5552-5904-6
Ⅰ. ①多… Ⅱ. ①多… Ⅲ. ①多浆植物—普及读物 Ⅳ. ①S682.33-49
中国版本图书馆CIP数据核字(2017)第202967号

书　　名　多肉温暖我的心（珍藏版）

编　　者　多肉植物百科
出版发行　青岛出版社
社　　址　青岛市海尔路182号（266061)
本社网址　http://www.qdpub.com
邮购电话　13335059110　0532-68068026
策划编辑　周鸿媛
责任编辑　曲　静
装帧设计　丁文娟
印　　刷　青岛名扬数码印刷有限责任公司
出版日期　2017年9月第1版　2017年9月第1次印刷
开　　本　32开（890毫米 × 1240毫米)
印　　张　9
图　　数　69
印　　数　1-3000
书　　号　ISBN 978-7-5552-5904-6
定　　价　98.00元
编校印装质量、盗版监督服务电话：4006532017　0532-68068638

百科君说

生活并不无趣，只是需要有趣的活法。因为从小与植物的亲近，让我遇上多肉植物并渐入痴迷；也正因为邂逅了这些小萌物，才有了现在的多肉植物百科。多肉植物百科已成为同样热爱园艺、热爱多肉的朋友不可或缺的睡前读物，我希望通过它认识更多志同道合的“肉友”，分享和交流养肉心得，帮助养多肉的新手们少走弯路……

或许有的人很难想象，小小的多肉植物何以让大家如此喜爱，但正是萌萌的它们，让那颗在喧嚣城市中浮躁的心沉静下来，让快节奏的生活下的人们，可以驻足阳台，在心中描绘出田园慢生活的诗情画意。渴望着生命可以像一株植物那样，四季轮回，静默生长，温柔而坚韧地，按照心目中的样子，成为独一无二的自己！

扫一扫
关注多肉植物百科

ANNUAL PLANNING 我 | 的 | 年 | 度 | 规 | 划

· 旅 游 ·

· 理 财 ·

· 工 作 ·

· 健身 ·

· 读书 ·

· 其他 ·

01

02
February

03
March

04
April

05
May

06
June

07
July

08
August

09
September

10
October

11

12

多肉植物养护月历

01 JANUARY

浇水
阳光
通风
防晒
保温

02 FEBRUARY

浇水
阳光
通风
防晒
保温

03 MARCH

浇水
阳光
通风
防晒
保温

04 APRIL

浇水
阳光
通风
防晒
保温

05 MAY

浇水
阳光
通风
防晒
保温

06 JUNE

浇水
阳光
通风
防晒
保温

微量	少量	浇透
1	2	3

*图例个数代表用量或者次数的增加，请根据周边环境的温度湿度进行调整。

07 JULY

浇水	1
阳光	2
通风	3
防晒	3
保温	1

08 AUGUST

浇水	2
阳光	2
通风	3
防晒	3
保温	1

09 SEPTEMBER

浇水	3
阳光	2
通风	3
防晒	3
保温	1

10 OCTOBER

浇水	3
阳光	3
通风	3
防晒	1
保温	2

11 NOVEMBER

浇水	1
阳光	3
通风	3
防晒	1
保温	3

12 DECEMBER

浇水	1
阳光	2
通风	2
防晒	1
保温	3

KEEP IT UP 计 | 划 | 打 | 卡

01																				
02																				
03																				
04																				
05																				
06																				
07																				
08																				
09																				
10																				
11																				
12																				
13																				
14																				
15																				
16																				
17																				
18																				
19																				
20																				
21																				
22																				
23																				
24																				
25																				
26																				
27																				
28																				
29																				
30																				
31																				

01																				
02																				
03																				
04																				
05																				
06																				
07																				
08																				
09																				
10																				
11																				
12																				
13																				
14																				
15																				
16																				
17																				
18																				
19																				
20																				
21																				
22																				
23																				
24																				
25																				
26																				
27																				
28																				
29																				
30																				
31																				

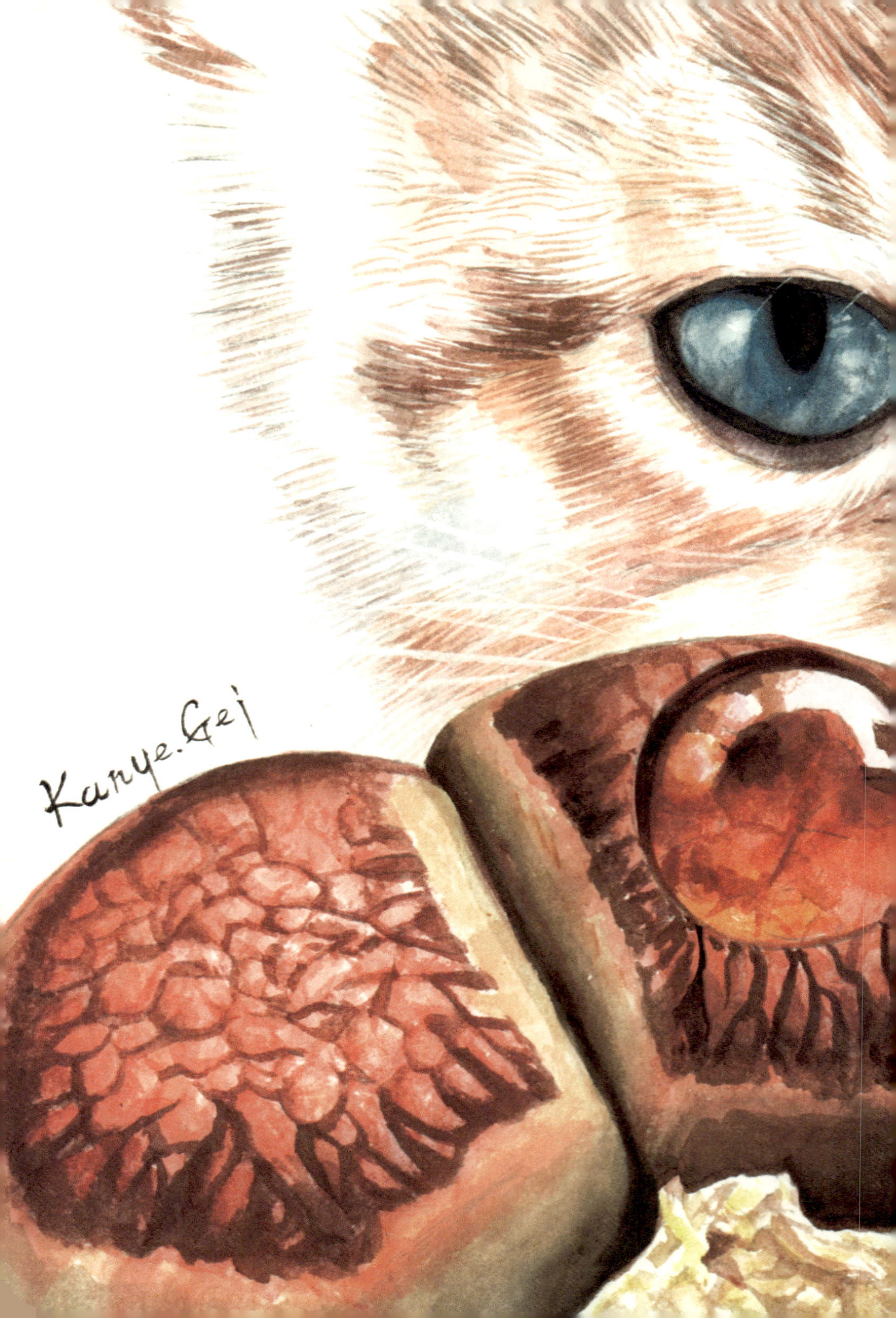
Kanye.Gei

01

January

月 | 度 | 计 | 划

SUN.	MON.	TUE.
	元旦 1	十六 2
廿一 7	廿二 8	廿三 9
廿八 14	廿九 15	三十 16
初五 21	初六 22	初七 23
十二 28	十三 29	十四 30

WED.	THU.	FRI.	SAT.
十七 3	十八 4	小寒 5	二十 6
廿四 10	廿五 11	廿六 12	廿七 13
腊月 17	初二 18	初三 19	大寒 20
腊八节 24	初九 25	初十 26	十一 27
十五 31			

JANUARY | 1月　　月 | 度 | 计 | 划

W01 · 第一周 ·	
W02 · 第二周 ·	
W03 · 第三周 ·	
W04 · 第四周 ·	
W05 · 第五周 ·	

紧急 重要	紧急 重要
紧急 重要	紧急 重要

* 分清事件的轻重缓急，列出既紧急又重要、不紧急但重要、紧急但不重要、不紧急又不重要的事件。尽量多安排不紧急但重要的事情，你就可以从从容容安排处理好工作和生活，过好每一天。

JANUARY

S	M	T	W	T	F	S
	1 元旦	2 十六	3 十七	4 十八	5 小寒	6 二十
7 廿一	8 廿二	9 廿三	10 廿四	11 廿五	12 廿六	13 廿七
14 廿八	15 廿九	16 三十	17 腊月	18 初二	19 初三	20 大寒
21 初五	22 初六	23 初七	24 腊八节	25 初九	26 初十	27 十一
28 十二	29 十三	30 十四	31 十五			

白玫瑰

天晴/绘

白玫瑰是景天科拟石莲花属多肉植物。它的叶缘有红色的血斑，从外形上看，它有白凤、大瑞蝶、刚叶莲的血统，可以说是结合了它们所有的优点。如果不砍头，白玫瑰可以长得很大。

01

MONDAY

January | W1

冬月十五　元旦

02

TUESDAY

January | W1

冬月十六

03

WEDNESDAY

January | W1

冬月十七

04

THURSDAY

January | W1

冬月十八

05

FRIDAY

January | W1

冬月十九　小寒

06 | 07

WEEKEND

January | W1

冬月二十 | 冬月廿一

08

MONDAY

January | W2

冬月廿二

爱斯诺 木鱼子兮 / 绘

爱斯诺是景天科拟石莲花属多肉植物，也被音译为塞拉利昂。它和蓝姬莲很相似，蓝姬莲呈偏粉红色的蓝，粉厚点，叶片尖端比较圆润；爱斯诺的蓝色更有光泽，比蓝姬莲更蓝点，叶片尖端更尖点。

爱斯诺容易爆盆，一般用一年的时间就可以爆多头。夏季要遮阳，注意通风，少浇水，防止盆土过湿、闷热造成烂根。

09

TUESDAY

January | W2

冬月廿三

10

WEDNESDAY

January | W2

冬月廿四

11

THURSDAY

January | W2

冬月廿五

12

FRIDAY

January | W2

冬月廿六

13 | 14

WEEKEND

January | W2

冬月廿七 | 冬月廿八

乙女心

瓜瓜 / 绘

乙女心是景天科景天属的多肉植物，原产于墨西哥。它的茎干直立，修长而圆润的叶子环生于枝干上；叶子颜色翠绿，表面覆有白粉，在日照充足与冬季低温条件下，叶片末端易呈红色，其他季节叶片呈浅蓝绿色。

乙女心是非常好养的一个品种，四季中除了夏季要注意适当遮阳，其他季节都可以全日照。

15

MONDAY

January | W3

冬月廿九

16

TUESDAY

January | W3

冬月三十

17

WEDNESDAY

January | W3

腊月初一

18

THURSDAY

January | W3

腊月初二

19

FRIDAY

January | W3

腊月初三

20 | 21

WEEKEND

January | W3

腊月初四 大寒 | 腊月初五

蓝豆

卓文强/绘

蓝豆是景天科风车草属多肉植物，是少有的有香味的多肉。它的叶片为淡蓝色、长圆型，叶片先端微尖；叶色在强光与昼夜温差大或冬季低温期会变成非常漂亮的蓝白色，叶尖常年呈轻微红褐色。它的叶片上覆盖有白粉，开白红相间的花。

蓝豆需要接受充足日照叶色才会艳丽，株型才会更紧实美观，叶片才会肥厚。

22

MONDAY

January | W4

腊月初六

23

TUESDAY

January | W4

腊月初七

24

WEDNESDAY

January | W4

腊月初八　腊八节

25

THURSDAY

January | W4

腊月初九

26

FRIDAY

January | W4

腊月初十

27 | 28

WEEKEND

January | W4

腊月十一 | 腊月十二

玉蝶锦

芥末水彩 xrz / 绘

玉蝶锦是景天科拟石莲花属多肉植物，为玉蝶的锦斑品种。其肉质叶呈莲座状排列，叶呈短匙形，微向内弯，使全株略呈漏斗形；叶色中间呈浅绿或蓝绿，两边为黄白色，叶面有轻微白粉或蜡质层。玉蝶锦会从基部萌生匍匐茎，匍匐茎顶端会生长小莲座叶丛，沾土即生根，成为新的植株。因此，地栽多年的玉蝶锦往往能够成片生长。

29

MONDAY

January | W5

腊月十三

30

TUESDAY

January | W5

腊月十四

02

February

月 | 度 | 计 | 划

SUN.	MON.	TUE.
立春 4	二十 5	廿一 6
廿六 11	廿七 12	廿八 13
初三 18	雨水 19	初五 20
初十 25	十一 26	十二 27

WED.	THU.	FRI.	SAT.
	十六 1	十七 2	十八 3
廿二 7	廿三 8	廿四 9	廿五 10
情人节 14	除夕 15	春节 16	初二 17
初六 21	初七 22	初八 23	初九 24
十三 28			

FEBRUARY | 2月

月 | 度 | 计 | 划

W06 · 第六周 ·	
W07 · 第七周 ·	
W08 · 第八周 ·	
W09 · 第九周 ·	

紧 急 重 要

紧 急 重 要

紧 急 重 要

紧 急 重 要

* 分清事件的轻重缓急，列出既紧急又重要、不紧急但重要、紧急但不重要、不紧急又不重要的事件。尽量多安排不紧急但重要的事情，你就可以从从容容安排处理好工作和生活，过好每一天。

FEBRUARY

S	M	T	W	T	F	S
				1 十六	2 十七	3 十八
4 立春	5 二十	6 廿一	7 廿二	8 廿三	9 廿四	10 廿五
11 廿六	12 廿七	13 廿八	14 情人节	15 除夕	16 春节	17 初二
18 初三	19 雨水	20 初五	21 初六	22 初七	23 初八	24 初九
25 初十	26 十一	27 十二	28 十三			

31

WEDNESDAY

January | W5

腊月十五

01

THURSDAY

February | W5

腊月十六

02

FRIDAY

February | W5

腊月十七

03 | 04

WEEKEND

February | W5

腊月十八 | 腊月十九 立春

子持莲华

小楠瓜/绘

子持莲华是景天科瓦松属多肉植物，原产于日本北海道，是日本特有物种。其名来源于日语，“子持（こもち）”意为手牵着小孩，“莲华（れんげ）”意为莲花。子持莲华的叶片排列成小莲座状，表面有淡淡的白粉。它生长快，适应性强，也适合点缀盆景。

子持莲华喜光、耐寒，也耐潮湿，夏季气温超过 30℃后开始休眠，在春夏秋三季生长迅速，然而外形并不美观，在休眠状态才会达到最佳观赏效果。

05

MONDAY

February | W6

腊月二十

06

TUESDAY

February | W6

腊月廿一

07

WEDNESDAY

February | W6

腊月廿二

08

THURSDAY

February | W6

腊月廿三

09

FRIDAY

February | W6

腊月廿四

10 | 11

WEEKEND

February | W6

腊月廿五 | 腊月廿六

12

MONDAY

February | W7

腊月廿七

枯木与多肉

一窝时光/绘

当枯木遇上多肉，顽固的榆木脑袋也因多肉而变得灵活，坚硬的内心也因肉肉变得风情万种。

14

WEDNESDAY

February | W7

腊月廿九 情人节

15

THURSDAY

February | W7

腊月三十 除夕

16

FRIDAY

February | W7

正月初一 春节

17 | 18

WEEKEND

February | W7

正月初二 | 正月初三

冰莓

木鱼子兮 / 绘

冰莓是景天科拟石莲花属小型多肉植物，为月影系的一种，易群生。其叶子小而密，呈蓝绿色，叶上有白粉，在寒冷的秋冬季，它的叶子还会显出粉红色，因此得名冰莓。

春秋生长季节应给予它充分的光照；冬季适当冻一冻更美（不要低于零下）；夏季生长放缓，应适当遮阴，但也不要完全没光照，以免“摊大饼”。

19

MONDAY

February | W8

正月初四 雨水

20

TUESDAY

February | W8

正月初五

21

WEDNESDAY

February | W8

正月初六

22

THURSDAY

February | W8

正月初七

23

FRIDAY

February | W8

正月初八

24 | 25

WEEKEND

February | W8

正月初九 | 正月初十

特玉莲

康姝 / 绘

特玉莲是景天科拟石莲花属多肉植物。它叶片的形状很特别，叶基部为扭曲的匙形，两侧边缘向外弯曲，中间部分拱起，而叶片的先端向生长点内弯曲。其叶片呈莲座状排列，表面覆有一层厚厚的天然白霜，抹掉白霜后叶片为蓝绿色或灰绿色，在光照充足的环境下呈现出淡淡的粉红色。

特玉莲生长迅速，很容易栽培；喜温暖、干燥和通风的环境，喜光，耐旱，耐寒、耐阴，不耐烈日暴晒，无明显休眠期。

26

MONDAY

February | W9

正月十一

27

TUESDAY

February | W9

正月十二

03

March

月 | 度 | 计 | 划

SUN.	MON.	TUE.
十七 4	惊蛰 5	十九 6
廿四 11	植树节 12	廿六 13
初二 18	初三 19	初四 20
初九 25	初十 26	十一 27

WED.	THU.	FRI.	SAT.
	十四 1	元宵节 2	十六 3
二十 7	妇女节 8	廿二 9	廿三 10
廿七 14	廿八 15	廿九 16	二月 17
春分 21	初六 22	初七 23	初八 24
十二 28	十三 29	十四 30	十五 31

MARCH | 3月

月 | 度 | 计 | 划

W10 · 第十周 ·	
W11 ·第十一周·	
W12 ·第十二周·	
W13 ·第十三周·	

紧 急　重 要

紧 急　重 要

紧 急　重 要

紧 急　重 要

* 分清事件的轻重缓急，列出既紧急又重要、不紧急但重要、紧急但不重要、不紧急又不重要的事件。尽量多安排不紧急但重要的事情，你就可以从从容容安排处理好工作和生活，过好每一天。

MARCH

S	M	T	W	T	F	S
				1 十四	2 元宵节	3 十六
4 十七	5 惊蛰	6 十九	7 二十	8 妇女节	9 廿二	10 廿三
11 廿四	12 植树节	13 廿六	14 廿七	15 廿八	16 廿九	17 二月
18 初二	19 初三	20 初四	21 春分	22 初六	23 初七	24 初八
25 初九	26 初十	27 十一	28 十二	29 十三	30 十四	31 十五

28

WEDNESDAY

February | W9

正月十三

01

THURSDAY

March | W9

正月十四

02

FRIDAY

March | W9

正月十五 元宵节

03 | 04

WEEKEND

March | W9

正月十六 | 正月十七

秀妍

王晓雨／绘

秀妍是景天科拟石莲花属多肉植物。植株整体较包裹，肉质叶排列为莲座形，即使很小的一棵也会发出侧芽。全株通常为粉色或橙粉色，叶尖呈深红色，出状态时是一瓣一瓣的胭脂花瓣，颜色艳丽。

秀妍生长期为春、秋、冬季，生长季节给予充足光照可使叶片颜色变深，植株形态更加包裹紧凑。光照不足的秀妍叶心会泛绿，浇水过多可导致叶片变长摊开。生长季节可充分浇水，干透浇透；夏季可适当遮阴。

05

MONDAY

March | W10

正月十八 惊蛰

06

TUESDAY

March | W10

正月十九

07

WEDNESDAY

March | W10

正月二十

08

THURSDAY

March | W10

正月廿一 妇女节

09

FRIDAY

March | W10

正月廿二

10 | 11

WEEKEND

March | W10

正月廿三 | 正月廿四

泰迪与多肉

周丽萍 / 绘

黛比是景天科风车草属与拟石莲花属的杂交品种，因粉色的叶片而拥有很高的人气。夏天比较热的月份或是日照不足时，它的叶片将变成粉蓝色；秋冬季节，它叶片的红色会加深。

其生长季节是春秋两季，应待土完全干透后浇透水；夏季需要遮阴，并减少浇水；冬季放于室内向阳处养护。

12

MONDAY

March | W11

正月廿五 植树节

13

TUESDAY

March | W11

正月廿六

14

WEDNESDAY

March | W11

正月廿七

15

THURSDAY

March | W11

正月廿八

16

FRIDAY

March | W11

正月廿九

17 | 18

WEEKEND

March | W11

二月初一 | 二月初二

多肉手捧花

容小翠/绘

这束多肉手捧花包含了晚霞之舞、红粉佳人、旭鹤、黄丽、小球玫瑰、紫珍珠、粉蓝鸟等多肉植物。粉紫色系的多肉与洁白的婚纱搭配起来有一种自然的美感。对于养肉人来说，拥有一场多肉主题的婚礼，手中来一束多肉手捧花，那该有多完美呀！

19

MONDAY

March | W12

二月初三

20

TUESDAY

March | W12

二月初四

21

WEDNESDAY

March | W12

二月初五 春分

22

THURSDAY

March | W12

二月初六

23

FRIDAY

March | W12

二月初七

24 | 25

WEEKEND

March | W12

二月初八 | 二月初九

红宝石姑娘

王悦/绘

皮相的光鲜不过数年，我们需要的是能带给我们优雅一生的安宁力量。我希望有一个地方，闹中取静，可以带给我片刻的安宁，可以抛开一切纷扰，安静地享受和自己独处的时光。

26

MONDAY

March | W13

二月初十

27

TUESDAY

March | W13

二月十一

28

WEDNESDAY

March | W13

二月十二

29

THURSDAY

March | W13

二月十三

30

FRIDAY

March | W13

二月十四

3月

31 01

WEEKEND

March & April | W13

二月十五 | 二月十六 愚人节

蓝光与少女

康姝/绘

04

April

月 | 度 | 计 | 划

SUN.	MON.	TUE.
愚人节 1	十七 2	十八 3
廿三 8	廿四 9	廿五 10
三十 15	三月 16	初二 17
地球日 22	初八 23	初九 24
十四 29	十五 30	

WED.	THU.	FRI.	SAT.
十九 4	清明 5	廿一 6	廿二 7
廿六 11	廿七 12	廿八 13	廿九 14
初三 18	初四 19	谷雨 20	初六 21
初十 25	十一 26	十二 27	十三 28

APRIL | 4月

月 | 度 | 计 | 划

W14 ·第十四周·	
W15 ·第十五周·	
W16 ·第十六周·	
W17 ·第十七周·	

紧 急　　重 要

紧 急　　重 要

紧 急　　重 要

紧 急　　重 要

＊分清事件的轻重缓急，列出既紧急又重要、不紧急但重要、紧急但不重要、不紧急又不重要的事件。尽量多安排不紧急但重要的事情，你就可以从从容容安排处理好工作和生活，过好每一天。

APRIL

S	M	T	W	T	F	S
1 愚人节	2 十七	3 十八	4 十九	5 清明	6 廿一	7 廿二
8 廿三	9 廿四	10 廿五	11 廿六	12 廿七	13 廿八	14 廿九
15 三十	16 三月	17 初二	18 初三	19 初四	20 谷雨	21 初六
22 地球日	23 初八	24 初九	25 初十	26 十一	27 十二	28 十三
29 十四	30 十五					

天使之泪

芥末水彩 xrz / 绘

天使之泪是景天科景天属多肉植物，又名圆叶八千代。它淡绿色的叶子常年嫩嫩的，基本不怎么变色，有淡淡的水果香味。其叶片整体颜色偏深，每片叶子上几乎都有棱状突起；容易萌生侧芽。强光与昼夜温差大时或冬季低温期叶色微带嫩黄，非常迷人。天使之泪的叶心，娇巧的叶片聚集在一起，有种让人想呵护的感觉，尤其是叶心的水珠，简直就是天使之泪。

02

MONDAY

April | W14

二月十七

03

TUESDAY

April | W14

二月十八

04

WEDNESDAY

April | W14

二月十九

05

THURSDAY

April | W14

二月二十 清明节

06

FRIDAY

April | W14

二月廿一

4月

07 | 08

WEEKEND

April | W14

二月廿二 | 二月廿三

乌木

木鱼子兮 / 绘

乌木是景天科拟石莲花属多肉植物，属东云系。其特征是叶缘发黑，叶型很宽大，株型相对其他东云来说也是十分的巨大，并且底色是玉色的。

乌木喜阳、喜凉爽干燥的环境，耐半阴，忌潮湿闷热。其生长期为每年 9 月至次年 6 月，夏季高温时处于休眠状态。应以它的习性为基础，结合当地气候以及植株自身个性来培养。

09

MONDAY

April | W15

二月廿四

10

TUESDAY

April | W15

二月廿五

11

WEDNESDAY

April | W15

二月廿六

12

THURSDAY

April | W15

二月廿七

13

FRIDAY

April | W15

二月廿八

14 | 15

WEEKEND

April | W15

二月廿九 | 二月三十

16

MONDAY

April | W16

三月初一

劳尔

瓜瓜／绘

劳尔为景天科景天属多肉植物。它的叶片呈黄绿色，表面有一层白粉，在断水的情况下有香味。

劳尔喜欢温暖、干燥和通风、阳光充足的环境，不耐寒，不耐烈日暴晒，耐旱，耐阴。夏季温度达到 35℃左右就要采取措施通风遮阳。

17

TUESDAY

April | W16

三月初二

18

WEDNESDAY

April | W16

三月初三

19

THURSDAY

April | W16

三月初四

20

FRIDAY

April | W16

三月初五 谷雨

4月

21 | 22

WEEKEND

April | W16

三月初六 | 三月初七 地球日

红爪

周丽萍 / 绘

红爪是景天科拟石莲花属多肉植物，是静夜和黑爪的杂交后代，也叫野玫瑰之精。其叶片呈莲座状排列，有红叶尖，叶片向外弯曲。锐利细长的暗红叶尖，让它有一种不羁感。

红爪喜温暖、干燥，喜充足的光照，耐干旱，不耐寒；夏季高温时应遮阳通风，冬季放在室内光照强的地方继续养护。

23

MONDAY

April | W17

三月初八

24

TUESDAY

April | W17

三月初九

25

WEDNESDAY

April | W17

三月初十

26

THURSDAY

April | W17

三月十一

27

FRIDAY

April | W17

三月十二

28 | 29

WEEKEND

April | W17

三月十三 | 三月十四

05

May

月 | 度 | 计 | 划

SUN.	MON.	TUE.
		劳动节 1
廿一 6	廿二 7	廿三 8
母亲节 13	廿九 14	四月 15
初六 20	小满 21	初八 22
十三 27	十四 28	十五 29

WED.	THU.	FRI.	SAT.
十七 2	十八 3	青年节 4	立夏 5
廿四 9	廿五 10	廿六 11	廿七 12
初二 16	初三 17	初四 18	初五 19
初九 23	初十 24	十一 25	十二 26
十六 30	十七 31		

MAY | 5月

月 | 度 | 计 | 划

W18 ·第十八周·	
W19 ·第十九周·	
W20 ·第二十周·	
W21 ·第二十一周·	
W22 ·第二十二周·	

紧 急　　重 要

紧 急　　重 要

紧 急　　重 要

紧 急　　重 要

* 分清事件的轻重缓急，列出既紧急又重要、不紧急但重要、紧急但不重要、不紧急又不重要的事件。尽量多安排不紧急但重要的事情，你就可以从从容容安排处理好工作和生活，过好每一天。

MAY

S	M	T	W	T	F	S
		1 劳动节	2 十七	3 十八	4 青年节	5 立夏
6 廿一	7 廿二	8 廿三	9 廿四	10 廿五	11 廿六	12 廿七
13 母亲节	14 廿九	15 四月	16 初二	17 初三	18 初四	19 初五
20 初六	21 小满	22 初八	23 初九	24 初十	25 十一	26 十二
27 十三	28 十四	29 十五	30 十六	31 十七		

Pinky

木鱼子兮 / 绘

Echeveria Pinky 是景天科拟石莲花属多肉植物，中文名暂未定义，有人叫它粉红天使、粉罗裙，但多肉圈习惯用“Pinky”来称呼它。它是广寒宫和沙维娜的杂交种。其老叶会有一点卷边，叶端有尖，光照之后会呈现粉红色，养护可参照其他拟石莲花属多肉植物进行。

30

MONDAY

April | W18

三月十五

01

TUESDAY

May | W18

三月十六 劳动节

02

WEDNESDAY

May | W18

三月十七

03

THURSDAY

May | W18

三月十八

04

FRIDAY

May | W18

三月十九 青年节

05 | 06

WEEKEND

May | W18

三月二十 立夏 | 三月廿一

酥皮鸭

宋萍/绘

酥皮鸭是景天科拟石莲花属植物，是一种直立的肉质灌木，能够长高，名字是音译而来的。其叶盘呈莲座状，叶片呈卵形、表面光滑；叶片整体是绿色的，顶端和叶缘发红，有叶尖，叶背有一条棱，会发红。

酥皮鸭喜欢阳光充足和凉爽、干燥的生长环境，忌闷热潮湿，具有冷凉季节生长、高温时休眠的习性。

07

MONDAY

May | W19

三月廿二

08

TUESDAY

May | W19

三月廿三

09

WEDNESDAY

May | W19

三月廿四

10

THURSDAY

May | W19

三月廿五

11

FRIDAY

May | W19

三月廿六

12 | 13

WEEKEND

May | W19

三月廿七 | 三月廿八 母亲节

粉蓝鸟

瓜瓜/绘

粉蓝鸟又名厚叶蓝鸟，为景天科拟石莲花属多肉植物。其叶片较厚实，叶面稍内凹，叶背凸起，具明显的短叶尖，排列呈莲座状。它的叶呈淡蓝绿色，上面有一层粉，出状态后叶片泛粉红稍带紫，非常魅惑，可爱至极。

粉蓝鸟喜欢阳光充足、凉爽干燥的生长环境，耐干旱，不耐寒。夏季应防止暴晒和雨淋并注意控水。秋冬季节天气转凉后，可以逐步减少浇水。

14

MONDAY

May | W20

三月廿九

15

TUESDAY

May | W20

四月初一

16

WEDNESDAY

May | W20

四月初二

17

THURSDAY

May | W20

四月初三

18

FRIDAY

May | W20

四月初四

19 | 20

WEEKEND

May | W20

四月初五 | 四月初六

紫羊绒

康姝／绘

紫羊绒是景天科莲花掌属多肉植物。其叶片为翠绿色，出状态时为紫色（猪肝色），极限状态时可为鲜红色。它的一大特点是叶片带有蜡质质感，有绒毛，枝干粗壮，容易木质化形成老桩，十分美丽。

紫羊绒喜温暖、干燥和阳光充足的环境，耐干旱，稍耐半阴，能够忍耐 –2℃的低温。夏天最好不要暴晒，适当遮阳就可以，并减少浇水。

21

MONDAY

May | W21

四月初七 小满

5月

22

TUESDAY

May | W21

四月初八

23

WEDNESDAY

May | W21

四月初九

24

THURSDAY

May | W21

四月初十

25

FRIDAY

May | W21

四月十一

26 | 27

WEEKEND

May | W21

四月十二 | 四月十三

婴儿手指

王晓雨 / 绘

婴儿手指是景天科厚叶草属多肉植物。其叶片呈圆柱形，像婴儿的手指般粉粉嫩嫩的。在生长季节或在强烈的阳光下，叶端可晒至粉红色。

婴儿手指喜欢阳光充足的环境，比较耐寒冷，室温最好不要低于3℃。婴儿手指通常采取扦插法繁殖，茎插、叶插均可。

28

MONDAY

May | W22

四月十四

29

TUESDAY

May | W22

四月十五

30

WEDNESDAY

May | W22

四月十六

31

THURSDAY

May | W22

四月十七

01

FRIDAY

June | W22

四月十八 儿童节

02 | 03

WEEKEND

June | W22

四月十九 | 四月二十

06

June

月 | 度 | 计 | 划

SUN.	MON.	TUE.
二十 3	廿一 4	环境日 5
廿七 10	廿八 11	廿九 12
父亲节 17	端午节 18	初六 19
十一 24	十二 25	十三 26

WED.	THU.	FRI.	SAT.
		儿童节 1	十九 2
芒种 6	廿四 7	廿五 8	廿六 9
三十 13	五月 14	初二 15	初三 16
初七 20	夏至 21	初九 22	初十 23
十四 27	十五 28	十六 29	十七 30

JUNE | 6月

月 | 度 | 计 | 划

W23 · 第二十三周 ·	
W24 · 第二十四周 ·	
W25 · 第二十五周 ·	
W26 · 第二十六周 ·	

紧急　重要　　　　　　紧急　重要

紧急　重要　　　　　　紧急　重要

* 分清事件的轻重缓急，列出既紧急又重要、不紧急但重要、紧急但不重要、不紧急又不重要的事件。尽量多安排不紧急但重要的事情，你就可以从从容容安排处理好工作和生活，过好每一天。

JUNE

S	M	T	W	T	F	S
					1 儿童节	2 十九
3 二十	4 廿一	5 环境日	6 芒种	7 廿四	8 廿五	9 廿六
10 廿七	11 廿八	12 廿九	13 三十	14 五月	15 初二	16 初三
17 父亲节	18 端午节	19 初六	20 初七	21 夏至	22 初九	23 初十
24 十一	25 十二	26 十三	27 十四	28 十五	29 十六	30 十七

04

MONDAY

June | W23

四月廿一

05

TUESDAY

June | W23

四月廿二 环境日

06

WEDNESDAY

June | W23

四月廿三 芒种

07

THURSDAY

June | W23

四月廿四

08

FRIDAY

June | W23

四月廿五

09 | 10

WEEKEND

June | W23

四月廿六 | 四月廿七

11

MONDAY

June | W24

四月廿八

新娘的多肉手捧花

一窝时光 / 绘

一束别致的多肉植物新娘手捧花相比传统的手捧花，别有一番情致，会成为婚礼上的焦点，同时肉肉组合的手捧花也诠释了爱情的美好。

13

WEDNESDAY

June | W24

四月三十

14

THURSDAY

June | W24

五月初一

15

FRIDAY

June | W24

五月初二

16 | 17

WEEKEND

June | W24

五月初三 | 五月初四 父亲节

多肉组合

瓜瓜/绘

将多肉组合时，尽可能多了解组盆中多肉植物的生长习性，不能把不同习性的搭配在一起。多肉植物很喜欢光照，平时放在光照充足的地方，夏季中午光线强时稍加遮阴。若露天养护，干了就得补水，一周一次即可，浇水一定要均匀。有了充足的日照、适当的温差和控水后，它们会呈现出各种美丽的色彩。

18

MONDAY

June | W25

五月初五 端午节

19

TUESDAY

June | W25

五月初六

20

WEDNESDAY

June | W25

五月初七

21

THURSDAY

June | W25

五月初八 夏至

22

FRIDAY

June | W25

五月初九

23 | 24

WEEKEND

June | W25

五月初十 | 五月十一

25

MONDAY

June | W26

五月十二

苯巴蒂斯

容小翠/绘

苯巴蒂斯是景天科拟石莲花属多肉植物，通常简称苯巴，别称点绛唇，是大和锦和静夜的杂交品种。其龙骨一般的三角形叶片排列成完美的莲座形态，叶片上分布着美丽的青色斑纹，有红色叶尖，属于相对比较皮实的品种。

26

TUESDAY

June | W26

五月十三

27

WEDNESDAY

June | W26

五月十四

28

THURSDAY

June | W26

五月十五

29

FRIDAY

June | W26

五月十六

30 01

WEEKEND

June & July | W26

五月十七 | 五月十八 建党节

周丽琪 / 绘

贝 贝

07

July

月 | 度 | 计 | 划

SUN.	MON.	TUE.
建党节 1	十九 2	二十 3
廿五 8	廿六 9	廿七 10
初三 15	初四 16	初五 17
初十 22	大暑 23	十二 24
十七 29	十八 30	十九 31

WED.	THU.	FRI.	SAT.
廿一 4	廿二 5	廿三 6	小暑 7
廿八 11	廿九 12	六月 13	初二 14
初六 18	初七 19	初八 20	初九 21
十三 25	十四 26	十五 27	十六 28

JULY | 7月

月 | 度 | 计 | 划

W27 · 第二十七周 ·	
W28 · 第二十八周 ·	
W29 · 第二十九周 ·	
W30 · 第三十周 ·	
W31 · 第三十一周 ·	

紧急　重要

紧急　重要

紧急　重要

紧急　重要

* 分清事件的轻重缓急，列出既紧急又重要、不紧急但重要、紧急但不重要、不紧急又不重要的事件。尽量多安排不紧急但重要的事情，你就可以从从容容安排处理好工作和生活，过好每一天。

JULY

S	M	T	W	T	F	S
1 建党节	2 十九	3 二十	4 廿一	5 廿二	6 廿三	7 小暑
8 廿五	9 廿六	10 廿七	11 廿八	12 廿九	13 六月	14 初二
15 初三	16 初四	17 初五	18 初六	19 初七	20 初八	21 初九
22 初十	23 大暑	24 十二	25 十三	26 十四	27 十五	28 十六
29 十七	30 十八	31 十九				

多肉精灵

凌薇儿／绘

多肉植物的脾气秉性时刻在改变，它们会因为光照的不同而改变自己的颜色，它们最美的时候，养肉人称之为“全状态”。这种美好的状态并不会一直都有，在阴雨天它们会慢慢变绿，不再有这般颜色。我想用画笔去留住那个时刻，让它们一直“全状态”。

02

MONDAY

July | W27

五月十九

03

TUESDAY

July | W27

五月二十

04

WEDNESDAY

July | W27

五月廿一

05

THURSDAY

July | W27

五月廿二

06

FRIDAY

July | W27

五月廿三

07 | 08

WEEKEND

July | W27

五月廿四 小暑 | 五月廿五

捉迷藏

周丽萍/绘

花月夜是景天科拟石莲花属多肉植物。其匙型叶片呈莲花型排列，叶色浅蓝，叶尖圆尖。冬季低温与全日照条件下，其叶片尖端与叶缘易变成红色，非常迷人。春末夏初时，花月夜会开出铃铛状的黄色花朵。

花月夜喜光，除夏季外可尽量给予充足的日照。生长期不干不浇，浇则浇透，适当控水会让花月夜色彩更出众、更美丽。

09

MONDAY

July | W28

五月廿六

10

TUESDAY

July | W28

五月廿七

11

WEDNESDAY

July | W28

五月廿八

12

THURSDAY

July | W28

五月廿九

13

FRIDAY

July | W28

六月初一

14 | 15

WEEKEND

July | W28

六月初二 | 六月初三

红宝石

瓜瓜 / 绘

红宝石为景天科景天属和拟石莲花属杂交的多肉植物。其叶片呈细长匙状，前端较肥厚、斜尖，呈莲花状紧密排列。红宝石的叶片非常光滑，因此不管是秋冬季节变红或者夏季变绿的时候，颜色都比较醒目，看上去非常赏心悦目。

浇水干透浇透，秋冬季尽量全光照，它就可以红得很妖娆。秋冬季光照不足容易徒长；夏季须适当遮阴、控水。

16

MONDAY

July | W29

六月初四

17

TUESDAY

July | W29

六月初五

18

WEDNESDAY

July | W29

六月初六

19

THURSDAY

July | W29

六月初七

20

FRIDAY

July | W29

六月初八

21 | 22

WEEKEND

July | W29

六月初九 | 六月初十

姬玉露

康姝 / 绘

姬玉露是百合科十二卷属多肉植物，原产于南非。姬玉露花如其名，小巧、通透、色泽淡雅，叶片顶端透明或半透明，在阳光下如玉石般圆润而有光泽。这类植物在原产地一般都是把大半身躯埋在土壤下边，只露出有窗的部分，以适应夏季干热的生长环境，因此也称“有窗植物”。它的叶片上有深色的线状脉纹，在阳光较为充足的条件下，其脉纹为红褐色，叶顶端有细小的“须”。

23

MONDAY

July | W30

六月十一 大暑

24

TUESDAY

July | W30

六月十二

25

WEDNESDAY

July | W30

六月十三

26

THURSDAY

July | W30

六月十四

27

FRIDAY

July | W30

六月十五

28 | 29

WEEKEND

July | W30

六月十六 | 六月十七

海琳娜

芥末水彩 xrz / 绘

海琳娜是景天科拟石莲花属多肉植物，属月影系。其叶呈蓝绿色，长匙形，前端较圆、有尖，呈莲花状紧密排列。秋冬出状态时，叶片会呈现粉黄至粉红等多重色泽，叶缘有点粉色透明感，非常动人。

海琳娜喜阳光充足和凉爽、干燥的环境，耐半阴，怕水涝，忌闷热潮湿，具有冷凉季节生长、夏季高温休眠的习性。秋冬温差大的季节，给予充分光照就容易出状态。夏季遮阴通风控水的同时，可以考虑给予少量光照。

30

MONDAY

July | W31

六月十八

31

TUESDAY

July | W31

六月十九

08

August

月 | 度 | 计 | 划

SUN.	MON.	TUE.
廿四 5	廿五 6	立秋 7
初二 12	初三 13	初四 14
初九 19	初十 20	十一 21
十六 26	十七 27	十八 28

WED.	THU.	FRI.	SAT.
建军节 1	廿一 2	廿二 3	廿三 4
廿七 8	廿八 9	廿九 10	七月 11
初五 15	初六 16	七夕节 17	初八 18
十二 22	处暑 23	十四 24	十五 25
十九 29	二十 30	廿一 31	

AUGUST | 8月

月|度|计|划

W32 ·第三十二周·	
W33 ·第三十三周·	
W34 ·第三十四周·	
W35 ·第三十五周·	

紧急 重要

紧急 重要

紧急 重要

紧急 重要

* 分清事件的轻重缓急，列出既紧急又重要、不紧急但重要、紧急但不重要、不紧急又不重要的事件。尽量多安排不紧急但重要的事情，你就可以从从容容安排处理好工作和生活，过好每一天。

AUGUST

S	M	T	W	T	F	S
			1 建军节	2 廿一	3 廿二	4 廿三
5 廿四	6 廿五	7 立秋	8 廿七	9 廿八	10 廿九	11 七月
12 初二	13 初三	14 初四	15 初五	16 初六	17 七夕节	18 初八
19 初九	20 初十	21 十一	22 十二	23 处暑	24 十四	25 十五
26 十六	27 十七	28 十八	29 十九	30 二十	31 廿一	

01

WEDNESDAY

August | W31

六月二十 建军节

02

THURSDAY

August | W31

六月廿一

03

FRIDAY

August | W31

六月廿二

04 | 05

WEEKEND

August | W31

六月廿三 | 六月廿四

06

MONDAY

August | W32

六月廿五

玉珠东云是景天科拟石莲花属多肉植物，别称黄金象牙，是东云和月影的杂交种。其叶片肥厚，叶面光滑有质感，常年翠绿，暴晒下会轻微泛黄，温差大时叶尖轻微发红，易群生。

夏季高温时它会短暂休眠，可放在通风良好处养护，避免长期雨淋，并稍加遮阳，控制浇水。春、秋季是主要生长期，浇水要干透浇透、不干不浇。

玉珠东云

瓜瓜/绘

07

TUESDAY

August | W32

六月廿六 立秋

8月

08

WEDNESDAY

August | W32

六月廿七

09

THURSDAY

August | W32

六月廿八

10

FRIDAY

August | W32

六月廿九

11 | 12

WEEKEND

August | W32

七月初一 | 七月初二

黑肌克里克特锦

小楠瓜 / 绘

克里克特锦是百合科十二卷属多肉植物，为克里克特的锦斑品种。植株无茎，叶呈莲座状排列；叶片肥厚、形似贝壳；叶面粗糙、有很小的颗粒状突起；叶色深灰绿、稍透明，有灰白色网纹状线条。

在根系生长完好的情况下，克里克特锦喜欢盆土一直保持微湿，喜欢半阴。夏季盆土应保持适度干燥，每个月适当在盆边给点水。冬季可以闷养，盆土保持微湿，一个月给少量水。

13

MONDAY

August | W33

七月初三

14

TUESDAY

August | W33

七月初四

15

WEDNESDAY

August | W33

七月初五

16

THURSDAY

August | W33

七月初六

17

FRIDAY

August | W33

七月初七 七夕节

18 | 19

WEEKEND

August | W33

七月初八 | 七月初九

红颜蜜语

王晓雨/绘

红颜蜜语是景天科拟石莲花属多肉植物。它艳丽的色彩、撩人的小红指甲构成一种精致的美。

红颜蜜语夏季休眠，春秋季生长，喜欢温暖、干燥和光照充足的环境；耐干旱，不耐寒，稍耐半阴。度夏时不能完全断水，并要注意遮阴和通风。

20

MONDAY

August | W34

七月初十

21

TUESDAY

August | W34

七月十一

22

WEDNESDAY

August | W34

七月十二

23

THURSDAY

August | W34

七月十三 处暑

24

FRIDAY

August | W34

七月十四

25 | 26

WEEKEND

August | W34

七月十五 | 七月十六

红边月影

瓜瓜/绘

红边月影是景天科拟石莲花属多肉植物。它在温差增大、光照增多时绿色的叶子边沿会呈现红色，非常好看；未出状态时呈现绿色。

红边月影喜温暖、干燥，喜充足的光照，对土壤要求不严，耐干旱，不耐寒。夏季高温达到 35℃左右就要适当遮阳通风，冬季放在室内光照强的地方继续养护。浇水要注意不干不浇、浇则浇透的原则，冬季更要控制水分。

27

MONDAY

August | W35

七月十七

28

TUESDAY

August | W35

七月十八

29

WEDNESDAY

August | W35

七月十九

30

THURSDAY

August | W35

七月二十

31

FRIDAY

August | W35

七月廿一

01 | 02

WEEKEND

September | W35

七月廿二 | 七月廿三

09

September

月 | 度 | 计 | 划

SUN.	MON.	TUE.
廿三 2	廿四 3	廿五 4
三十 9	教师节 10	初二 11
初七 16	初八 17	初九 18
秋分 23 / 廿一 30	中秋节 24	十六 25

WED.	THU.	FRI.	SAT.
			廿二 1
廿六 5	廿七 6	廿八 7	白露 8
初三 12	初四 13	初五 14	初六 15
初十 19	十一 20	十二 21	十三 22
十七 26	十八 27	十九 28	二十 29

SEPTEMBER | 9月　月 | 度 | 计 | 划

W36 ·第三十六周·	
W37 ·第三十七周·	
W38 ·第三十八周·	
W39 ·第三十九周·	

紧急　重要	紧急　重要
紧急　重要	紧急　重要

* 分清事件的轻重缓急，列出既紧急又重要、不紧急但重要、紧急但不重要、不紧急又不重要的事件。尽量多安排不紧急但重要的事情，你就可以从从容容安排处理好工作和生活，过好每一天。

SEPTEMBER

S	M	T	W	T	F	S
						1 廿二
2 廿三	3 廿四	4 廿五	5 廿六	6 廿七	7 廿八	8 白露
9 三十	10 教师节	11 初二	12 初三	13 初四	14 初五	15 初六
16 初七	17 初八	18 初九	19 初十	20 十一	21 十二	22 十三
23 秋分 30 廿一	24 中秋节	25 十六	26 十七	27 十八	28 十九	29 二十

吉娃莲

周丽萍 / 绘

吉娃莲是景天科拟石莲花属多肉植物，别称吉娃娃、杨贵妃。其植株小型，无茎的莲座叶盘非常紧凑。其卵形叶较厚，带小尖，蓝绿至灰绿、淡绿色，并被有浓厚的白粉，日照充足时顶端的小尖呈美丽的玫瑰红或深粉红色。

吉娃莲喜温暖干燥和阳光充足的环境，耐旱，不耐水湿，无明显休眠期。夏季高温时需适度遮阴，通风并节水，冬季保持盆土稍干燥。

03

MONDAY

September | W36

七月廿四

04

TUESDAY

September | W36

七月廿五

05

WEDNESDAY

September | W36

七月廿六

06

THURSDAY

September | W36

七月廿七

07

FRIDAY

September | W36

七月廿八

08 | 09

WEEKEND

September | W36

七月廿九 白露 | 七月三十

呆萌的熊童子

一窝时光／绘

熊童子是景天科银波锦属的多肉植物。其植株多分枝，呈小灌木状，肥厚的肉质叶交互对生，叶片上有一层白绒毛，前端有数个爪样齿。在阳光充足的环境下，它叶端的齿会呈现红褐色，活像一只小熊的脚掌，很是可爱。

熊童子较喜欢阳光，不过夏季温度过高时会休眠，当温度超过 35℃时，应减少浇水，同时适当遮阴以防止烈日晒伤向阳叶片；其他季节则要充分见光。

10

MONDAY

September | W37

八月初一 教师节

11

TUESDAY

September | W37

八月初二

12

WEDNESDAY

September | W37

八月初三

13

THURSDAY

September | W37

八月初四

14

FRIDAY

September | W37

八月初五

15 | 16

WEEKEND

September | W37

八月初六 | 八月初七

初霜

木鱼子兮／绘

初霜是景天科仙女杯属多肉植物，也叫红叶仙女杯。其株型呈莲座状、身披白霜，叶片无毛，生于莲座基部。它银灰色的叶片微透出绿，在光照充足的环境中，叶缘是明亮的红色。

初霜不耐寒，耐半阴和干旱，怕水湿，需要基质排水性良好；夏天有休眠期，还需遮阳，防暴晒。初霜需要充足日照叶色才会艳丽，株型才更紧实美观。

17

MONDAY

September | W38

八月初八

18

TUESDAY

September | W38

八月初九

19

WEDNESDAY

September | W38

八月初十

20

THURSDAY

September | W38

八月十一

21

FRIDAY

September | W38

八月十二

22 | 23

WEEKEND

September | W38

八月十三 | 八月十四 秋分

桃蛋鹿精灵

凌薇儿 / 绘

桃蛋就像一个个可爱的小精灵，总能让少女心爆棚。被桃蛋精灵围绕的少女就那样静静地坐在那里，侧耳倾听那些来自灵魂深处的声音，什么都不必说，却已十分美好。

24

MONDAY

September | W39

八月十五 中秋节

25

TUESDAY

September | W39

八月十六

26

WEDNESDAY

September | W39

八月十七

27

THURSDAY

September | W39

八月十八

28

FRIDAY

September | W39

八月十九

29 | 30

WEEKEND

September | W39

八月二十 | 八月廿一

百肉争艳

卓文强/绘

10

October

月 | 度 | 计 | 划

SUN.	MON.	TUE.
	国庆节 1	廿三 2
廿八 7	寒露 8	九月 9
初六 14	初七 15	初八 16
十三 21	十四 22	霜降 23
二十 28	廿一 29	廿二 30

WED.	THU.	FRI.	SAT.
廿四 3	廿五 4	廿六 5	廿七 6
初二 10	初三 11	初四 12	初五 13
重阳节 17	初十 18	十一 19	十二 20
十六 24	十七 25	十八 26	十九 27
廿三 31			

OCTOBER | 10月

月 | 度 | 计 | 划

W40 ·第四十周·	
W41 ·第四十一周·	
W42 ·第四十二周·	
W43 ·第四十三周·	
W44 ·第四十四周·	

紧 急　　重 要

紧 急　　重 要

紧 急　　重 要

紧 急　　重 要

* 分清事件的轻重缓急，列出既紧急又重要、不紧急但重要、紧急但不重要、不紧急又不重要的事件。尽量多安排不紧急但重要的事情，你就可以从从容容安排处理好工作和生活，过好每一天。

OCTOBER

S	M	T	W	T	F	S
	1 国庆节	2 廿三	3 廿四	4 廿五	5 廿六	6 廿七
7 廿八	8 寒露	9 九月	10 初二	11 初三	12 初四	13 初五
14 初六	15 初七	16 初八	17 重阳节	18 初十	19 十一	20 十二
21 十三	22 十四	23 霜降	24 十六	25 十七	26 十八	27 十九
28 二十	29 廿一	30 廿二	31 廿三			

蓝苹果

康姝 / 绘

蓝苹果是景天科拟石莲花属多肉植物，也被称为蓝精灵、蓝之天使，是一个因为状态各异而有了许多名字的品种。蓝苹果叶片细长，叶端斜尖，叶片整体是绿色的，但出状态后，整个叶片前端容易泛红，整体呈果冻色，非常迷人。

蓝苹果生命力较为强劲，栽培相对容易。

01

MONDAY

October | W40

八月廿二 国庆节

02

TUESDAY

October | W40

八月廿三

03

WEDNESDAY

October | W40

八月廿四

04

THURSDAY

October | W40

八月廿五

05

FRIDAY

October | W40

八月廿六

06 | 07

WEEKEND

October | W40

八月廿七 | 八月廿八

08

MONDAY

October | W41

八月廿九 寒露

罗琦为景天科景天属多肉植物，属园艺杂交品种。它的叶子呈圆卵形，肥厚饱满，略带白粉，有不明显的短叶尖。浅蓝绿色的叶片经晒后可逐渐变成橙红色，叶尖颜色相对较深，将整个叶片点缀得非常漂亮。其老叶逐渐凋落后，新叶会在茎顶排成莲座状。

罗琦喜欢阳光充足、温暖、干燥、通风良好的生长环境。群生的罗琦是制作中型多肉盆景的优质材料。

罗琦

瓜瓜/绘

09

TUESDAY

October | W41

九月初一

10

WEDNESDAY

October | W41

九月初二

11

THURSDAY

October | W41

九月初三

12

FRIDAY

October | W41

九月初四

13 | 14

WEEKEND

October | W41

九月初五 | 九月初六

一堆小屁股

一窝时光／绘

生石花是番杏科生石花属小型多肉植物，常见于岩床缝隙、石砾之中，形如彩石，享有“有生命的石头”的美称。它的茎很短，叶肉质肥厚。3~4 年生的生石花秋季可从对生叶中间的缝隙中开出彩色的花。

它的生长非常奇特，每年秋季开花后的植株开始在其内部孕育新的植株，并逐渐长大，随着新植株的生长，老植株逐渐皱缩干枯至只剩一层皮，并被新株涨破，最终完全脱落。

15

MONDAY

October | W42

九月初七

16

TUESDAY

October | W42

九月初八

17

WEDNESDAY

October | W42

九月初九 重阳节

18

THURSDAY

October | W42

九月初十

19

FRIDAY

October | W42

九月十一

20 | 21

WEEKEND

October | W42

九月十二 | 九月十三

玉杯东云

芥末水彩 XZ / 绘

玉杯东云是景天科拟石莲花属多肉植物，又名冰莓东云，是东云和月影的杂交种。其叶片颜色很丰富，在温差大的情况下，红边会增多，还会出果冻状态，是很皮实的品种。

玉杯东云喜温暖、干燥和阳光充足的环境，较耐干旱，稍耐寒，也稍耐半阴。夏季须放置在通风良好处养护，适当遮阴和控水。春秋季为主要生长季，盆土保持稍湿润即可。冬季应移至室内向阳处养护。

22

MONDAY

October | W43

九月十四

23

TUESDAY

October | W43

九月十五 霜降

24

WEDNESDAY

October | W43

九月十六

25

THURSDAY

October | W43

九月十七

26

FRIDAY

October | W43

九月十八

27 | 28

WEEKEND

October | W43

九月十九 | 九月二十

蝉翼玉露是百合科十二卷属多肉植物，拥有很高的人气。它绿色细长的叶片上，分布着如蝉翼一般的纹路，顶端有透明的窗。

春秋季是它的生长季节，一般要在盆土干透后再浇水，也可对叶面进行少量喷雾以增加其透明度。在冬季，需将其移到室内养护，减少浇水量并给予适当日照。

蝉翼玉露

康姝/绘

29

MONDAY

October | W44

九月廿一

30

TUESDAY

October | W44

九月廿二

11

November

月 | 度 | 计 | 划

SUN.	MON.	TUE.
廿七 4	廿八 5	廿九 6
初四 11	初五 12	初六 13
十一 18	十二 19	十三 20
十八 25	十九 26	二十 27

WED.	THU.	FRI.	SAT.
	万圣节 1	廿五 2	廿六 3
立冬 7	十月 8	初二 9	初三 10
初七 14	初八 15	初九 16	初十 17
十四 21	小雪 22	十六 23	十七 24
廿一 28	廿二 29	廿三 30	

NOVEMBER | 11月

月 | 度 | 计 | 划

W45 ·第四十五周·	
W46 ·第四十六周·	
W47 ·第四十七周·	
W48 ·第四十八周·	

紧 急　　重 要

紧 急　　重 要

紧 急　　重 要

紧 急　　重 要

+

* 分清事件的轻重缓急，列出既紧急又重要、不紧急但重要、紧急但不重要、不紧急又不重要的事件。尽量多安排不紧急但重要的事情，你就可以从从容容安排处理好工作和生活，过好每一天。

NOVEMBER

S	M	T	W	T	F	S
				1 万圣节	2 廿五	3 廿六
4 廿七	5 廿八	6 廿九	7 立冬	8 十月	9 初二	10 初三
11 初四	12 初五	13 初六	14 初七	15 初八	16 初九	17 初十
18 十一	19 十二	20 十三	21 十四	22 小雪	23 十六	24 十七
25 十八	26 十九	27 二十	28 廿一	29 廿二	30 廿三	

31

WEDNESDAY

October | W44

九月廿三

01

THURSDAY

November | W44

九月廿四 万圣节

02

FRIDAY

November | W44

九月廿五

03 | 04

WEEKEND

November | W44

九月廿六 | 九月廿七

桃蛋

小楠瓜/绘

桃之卵是景天科风车草属多肉植物，别名桃蛋。其叶片丰满圆润，带有可爱的淡紫色、粉红色和绿色色调，叶子表面有厚厚的粉末覆盖，日照充足时，会呈现出令人沉醉的粉红色，如同熟透的桃子一般，因此得名桃蛋。

桃蛋喜温暖、干燥和阳光充足的环境，耐干旱，轻微耐寒，也可稍耐半阴。除夏季高温短暂休眠之外，其余时间基本一直在生长。

05

MONDAY

November | W45

九月廿八

06

TUESDAY

November | W45

九月廿九

07

WEDNESDAY

November | W45

九月三十 立冬

08

THURSDAY

November | W45

十月初一

09

FRIDAY

November | W45

十月初二

10 | 11

WEEKEND

November | W45

十月初三 | 十月初四

葡萄

王晓雨 / 绘

葡萄是景天科风车草属多肉植物，亲本为大和锦和桃之卵，也叫紫葡萄、红葡萄。其叶片短而肥厚，呈莲座状排列，叶面平，叶背凸起有紫红色密集小点，叶片先端有小尖；叶色浅灰绿或浅蓝绿；叶面光滑有蜡质层，不怕水。葡萄易从基部萌生匍匐茎，半匍匐于土表，茎顶端有小莲座叶丛。

葡萄需要阳光充足和凉爽、干燥的环境，忌闷热潮湿，夏季控水遮阴，冬保持干燥温暖，生长期干透浇透。

12

MONDAY

November | W46

十月初五

13

TUESDAY

November | W46

十月初六

14

WEDNESDAY

November | W46

十月初七

15

THURSDAY

November | W46

十月初八

16

FRIDAY

November | W46

十月初九

17 | 18

WEEKEND

November | W46

十月初十 | 十月十一

乌木杂

芥末水彩 xrz / 绘

乌木杂是景天科拟石莲花属多肉植物，是景天与乌木的杂交种，有比较明显的乌木特征，价值远低于纯种乌木。植株叶片比较宽，呈广卵形至散三角卵形，背面突起微呈龙骨状，密集排列成莲座形；叶面光滑，叶缘发红发紫，强光照下颜色看起来呈乌紫色。

乌木杂需要接受充足日照叶色才会艳丽，株型才会更紧实美观。

19

MONDAY

November | W47

十月十二

20

TUESDAY

November | W47

十月十三

21

WEDNESDAY

November | W47

十月十四

22

THURSDAY

November | W47

十月十五 小雪

23

FRIDAY

November | W47

十月十六

24 | 25

WEEKEND

November | W47

十月十七 | 十月十八

梦露

王晓雨 / 绘

梦露是景天科拟石莲花属多肉植物，是雪莲和卡罗拉的杂交品种。梦露叶片呈莲座状排列，通常呈白粉蓝色，叶缘经常呈微橙红状态，极端状态下，叶面叶背会呈现粉红色，有时也呈较为热烈的渐变色。梦露具短茎，匙型叶上覆有白绿色的粉末，粉容易掉而且难再生，所以移栽时要非常小心。

夏季适当遮阴，注意通风控水；非夏季完全可以全光照，干透浇透。日照充足、温差足够大时，梦露的叶片会显得粉嫩肥厚。

26

MONDAY

November | W48

十月十九

27

TUESDAY

November | W48

十月二十

28

WEDNESDAY

November | W48

十月廿一

29

THURSDAY

November | W48

十月廿二

30

FRIDAY

November | W48

十月廿三

01 | 02

WEEKEND

December | W48

十月廿四 | 十月廿五

12

December

月 | 度 | 计 | 划

SUN.	MON.	TUE.
廿五 2	廿六 3	廿七 4
初三 9	初四 10	初五 11
初十 16	十一 17	十二 18
十七 23 / 廿四 30	十八 24 / 廿五 31	圣诞节 25

WED.	THU.	FRI.	SAT.
			廿四 1
廿八 5	廿九 6	大雪 7	初二 8
初六 12	初七 13	初八 14	初九 15
十三 19	十四 20	十五 21	冬至 22
二十 26	廿一 27	廿二 28	廿三 29

DECEMBER | 12月

月 | 度 | 计 | 划

W49 · 第四十九周 ·	
W50 · 第五十周 ·	
W51 · 第五十一周 ·	
W52 · 第五十二周 ·	

紧 急　重 要	紧 急　重 要

紧 急　重 要	紧 急　重 要

* 分清事件的轻重缓急，列出既紧急又重要、不紧急但重要、紧急但不重要、不紧急又不重要的事件。尽量多安排不紧急但重要的事情，你就可以从从容容安排处理好工作和生活，过好每一天。

DECEMBER

S	M	T	W	T	F	S
						1 廿四
2 廿五	3 廿六	4 廿七	5 廿八	6 廿九	7 大雪	8 初二
9 初三	10 初四	11 初五	12 初六	13 初七	14 初八	15 初九
16 初十	17 十一	18 十二	19 十三	20 十四	21 十五	22 冬至
23 十七 30 廿四	24 十八 31 廿五	25 圣诞节	26 二十	27 廿一	28 廿二	29 廿三

蓝光

木鱼子兮/绘

蓝光是景天科拟石莲花属多肉植物。其叶片呈莲座状排列，叶片边缘为红色，叶片稍向内弯曲。

蓝光喜欢阳光充足、凉爽干燥的环境，耐干旱，不耐寒。生长季节可以全日照，保持盆土湿润即可；夏季应防止暴晒和雨淋并注意控水。秋冬季天气转凉后，可以逐步减少浇水使盆土偏干燥，直至休眠。

03

MONDAY

December | W49

十月廿六

04

TUESDAY

December | W49

十月廿七

05

WEDNESDAY

December | W49

十月廿八

06

THURSDAY

December | W49

十月廿九

07

FRIDAY

December | W49

冬月初一 大雪

08 | 09

WEEKEND

December | W49

冬月初二 | 冬月初三

多肉拼盘

容小翠／绘

这盆多肉拼盆包含吉娃娃、天使之泪、露娜莲、红稚莲、蒂亚、红宝石、桃蛋、黛比、桃美人、紫珍珠、新玉缀、千佛手等。

平常养护需注意尽可能日照充足，养护环境需通风，春秋季节有条件的话可以将肉肉搬到窗台外露养，适当控水，土壤中适当增加颗粒占比，可让其保持原有的色彩。

10

MONDAY

December | W50

冬月初四

11

TUESDAY

December | W50

冬月初五

12

WEDNESDAY

December | W50

冬月初六

13

THURSDAY

December | W50

冬月初七

14

FRIDAY

December | W50

冬月初八

15 | 16

WEEKEND

December | W50

冬月初九 | 冬月初十

血罗

天晴／绘

血罗是景天科拟石莲花属多肉植物，是东云的一个变种，具有罗密欧的红色叶底与乌木的黑檀汁叶边。

血罗可用沙质性颗粒土种植，除夏季外可全日照，避免长期淋雨即可。与大多数皮实的东云系不同，血罗夏季化水可能性比较高，因此一定要注意遮阴、通风、控水，冬季可以放在室内向阳处进行养护。

17

MONDAY

December | W51

冬月十一

18

TUESDAY

December | W51

冬月十二

19

WEDNESDAY

December | W51

冬月十三

20

THURSDAY

December | W51

冬月十四

21

FRIDAY

December | W51

冬月十五

22 | 23

WEEKEND

December | W51

冬月十六 冬至 | 冬月十七

24

MONDAY

December | W52

冬月十八

苯巴蒂斯

瓜瓜/绘

苯巴蒂斯是杂交品种，在养护上更偏向于父本大和锦。配土宜疏松透气利于排水，在生长季节土壤保持偏潮即可，切记不要积水。夏季注意遮阳，因为休眠的问题，要控水，通风，降温，可以适当浇一点点水，保持盆土微潮即可。冬季根据养护环境灵活浇水，温度低于5℃时尽量断水。

26

WEDNESDAY

December | W52

冬月二十

27

THURSDAY

December | W52

冬月廿一

28

FRIDAY

December | W52

冬月廿二

29 | 30

WEEKEND

December | W52

冬月廿三 | 冬月廿四

奥普琳娜

王晓雨/绘

奥普琳娜为风车石莲属多肉植物，是醉美人和卡罗拉杂交培育的品种，属于大型石莲，比较好养又好看。养护得当的奥普琳娜叶片较胖，白粉厚，粉蓝中带着淡淡的胭脂红，就像古代美人一样娇艳多姿。

奥普琳娜喜温暖、干燥和阳光充足的环境，耐旱，忌盆土长期潮湿。若光照不足，浇水过多，株型会较为松散，叶片细长无力，颜色黯淡。

31

MONDAY

December | W53

冬月廿五

2 0 1 8

2 0 1 9

01

TUESDAY

January | W53

冬月廿六　元旦

乙女心与猫

康姝 / 绘

罗琦
小楠瓜/绘

2018 BOOKS

读 | 书 | 清 | 单

书名	作者	评分

PAYMENT DETAILS 收|支|明|细

日期	收入		支出		盈余	备注
	内容	金额	内容	金额		
·一月·						
·二月·						
·三月·						
·四月·						
·五月·						
·六月·						

日期	收入		支出		盈余	备注
	内容	金额	内容	金额		
·七月·						
·八月·						
·九月·						
·十月·						
·十一月·						
·十二月·						

年度总收入：　　元　年度总支出：　　元　年度总盈余：　　元

ACCOUNT MEMORANDUM

账 | 户 | 备 | 忘 | 录

账户名称	账号	密码	备注

账户名称	账 号	密 码	备 注

CALENDAR 2019 | 年 | 日 | 历

1 JANUARY

S	M	T	W	T	F	S
		1 元旦	2 廿七	3 廿八	4 廿九	5 小寒
6 腊月	7 初二	8 初三	9 初四	10 初五	11 初六	12 初七
13 腊八节	14 初九	15 初十	16 十一	17 十二	18 十三	19 十四
20 大寒	21 十六	22 十七	23 十八	24 十九	25 二十	26 廿一
27 廿二	28 廿三	29 廿四	30 廿五	31 廿六		

2 FEBRUARY

S	M	T	W	T	F	S
					1 廿七	2 廿八
3 廿九	4 除夕	5 春节	6 初二	7 初三	8 初四	9 初五
10 初六	11 初七	12 初八	13 初九	14 情人节	15 十一	16 十二
17 十三	18 十四	19 元宵节	20 十六	21 十七	22 十八	23 十九
24 二十	25 廿一	26 廿二	27 廿三	28 廿四		

3 MARCH

S	M	T	W	T	F	S
					1 廿五	2 廿六
3 廿七	4 廿八	5 廿九	6 惊蛰	7 二月	8 妇女节	9 初三
10 初四	11 初五	12 植树节	13 初七	14 初八	15 初九	16 初十
17 十一	18 十二	19 十三	20 十四	21 春分	22 十六	23 十七
24 十八 / 31 廿五	25 十九	26 二十	27 廿一	28 廿二	29 廿三	30 廿四

4 APRIL

S	M	T	W	T	F	S
	1 愚人节	2 廿七	3 廿八	4 廿九	5 清明节	6 初二
7 初三	8 初四	9 初五	10 初六	11 初七	12 初八	13 初九
14 初十	15 十一	16 十二	17 十三	18 十四	19 十五	20 谷雨
21 十七	22 地球日	23 十九	24 二十	25 廿一	26 廿二	27 廿三
28 廿四	29 廿五	30 廿六				

5 MAY

S	M	T	W	T	F	S
			1 劳动节	2 廿八	3 廿九	4 青年节
5 四月	6 立夏	7 初三	8 初四	9 初五	10 初六	11 初七
12 母亲节	13 初九	14 初十	15 十一	16 十二	17 十三	18 十四
19 十五	20 十六	21 小满	22 十八	23 十九	24 二十	25 廿一
26 廿二	27 廿三	28 廿四	29 廿五	30 廿六	31 廿七	

6 JUNE

S	M	T	W	T	F	S
						1 儿童节
2 廿九	3 五月	4 初二	5 环境日	6 芒种	7 端午节	8 初六
9 初七	10 初八	11 初九	12 初十	13 十一	14 十二	15 十三
16 父亲节	17 十五	18 十六	19 十七	20 十八	21 夏至	22 二十
23 廿一 / 30 廿八	24 廿二	25 廿三	26 廿四	27 廿五	28 廿六	29 廿七

7
JULY

S	M	T	W	T	F	S
	1 建党节	2 三十	3 六月	4 初二	5 初三	6 初四
7 小暑	8 初六	9 初七	10 初八	11 初九	12 初十	13 十一
14 十二	15 十三	16 十四	17 十五	18 十六	19 十七	20 十八
21 十九	22 二十	23 大暑	24 廿二	25 廿三	26 廿四	27 廿五
28 廿六	29 廿七	30 廿八	31 廿九			

8
AUGUST

S	M	T	W	T	F	S
				1 建军节	2 初二	3 初三
4 初四	5 初五	6 初六	7 七夕节	8 立秋	9 初九	10 初十
11 十一	12 十二	13 十三	14 十四	15 中元节	16 十六	17 十七
18 十八	19 十九	20 二十	21 廿一	22 廿二	23 处暑	24 廿四
25 廿五	26 廿六	27 廿七	28 廿八	29 廿九	30 八月	31 初二

9
SEPTEMBER

S	M	T	W	T	F	S
1 初三	2 初四	3 初五	4 初六	5 初七	6 初八	7 初九
8 白露	9 十一	10 教师节	11 十三	12 十四	13 中秋节	14 十六
15 十七	16 十八	17 十九	18 二十	19 廿一	20 廿二	21 廿三
22 廿四	23 秋分	24 廿六	25 廿七	26 廿八	27 廿九	28 三十
29 九月	30 初二					

10
OCTOBER

S	M	T	W	T	F	S
		1 国庆节	2 初四	3 初五	4 初六	5 初七
6 初八	7 重阳节	8 寒露	9 十一	10 十二	11 十三	12 十四
13 十五	14 十六	15 十七	16 十八	17 十九	18 二十	19 廿一
20 廿二	21 廿三	22 廿四	23 廿五	24 霜降	25 廿七	26 廿八
27 廿九	28 十月	29 初二	30 初三	31 初四		

11
NOVEMBER

S	M	T	W	T	F	S
					1 万圣节	2 初六
3 初七	4 初八	5 初九	6 初十	7 十一	8 立冬	9 十三
10 十四	11 十五	12 十六	13 十七	14 十八	15 十九	16 二十
17 廿一	18 廿二	19 廿三	20 廿四	21 廿五	22 小雪	23 廿七
24 廿八	25 廿九	26 冬月	27 初二	28 感恩节	29 初四	30 初五

12
DECEMBER

S	M	T	W	T	F	S
1 初六	2 初七	3 初八	4 初九	5 初十	6 十一	7 大雪
8 十三	9 十四	10 十五	11 十六	12 十七	13 十八	14 十九
15 二十	16 廿一	17 廿二	18 廿三	19 廿四	20 廿五	21 廿六
22 冬至	23 廿八	24 廿九	25 圣诞节	26 腊月	27 初二	28 初三
29 初四	30 初五	31 初六